PORT DE MARSEILLE.

OBSERVATIONS

FAITES

PENDANT L'ÉPIDÉMIE CHOLÉRIQUE DE 1885,

PAR

M. Ad. GUÉRARD.

Ingénieur en Chef des Ponts-et-Chaussées,
Ingénieur en Chef du Port.

MARSEILLE
TYPOGRAPHIE ET LITHOGRAPHIE BARLATIER-FEISSAT
RUE VENTURE, 19

1886

PORT DE MARSEILLE.

OBSERVATIONS

FAITES

PENDANT L'ÉPIDÉMIE CHOLÉRIQUE DE 1885,

PAR

M. Ad. GUÉRARD,

Ingénieur en Chef des Ponts-et-Chaussées,
Ingénieur en Chef du Port.

NOTE.

MARSEILLE
TYPOGRAHIE ET LITHOGRAPHIE BARLATIER-FEISSAT
Rue Venture, 19

1886

PORT DE MARSEILLE.

OBSERVATIONS

FAITES

PENDANT L'ÉPIDÉMIE CHOLÉRIQUE DE 1885,

PAR

M. Ad. GUÉRARD,

Ingénieur en Chef des Ponts-et-Chaussées, Ingénieur en Chef du Port.

NOTE.

Certaines réclamations relatives à l'état d'infection du Port de Marseille nous avaient déterminé à rechercher pendant l'épidémie cholérique de 1884 quelle pouvait être l'influence des émanations du Port-Vieux et des égouts sur la mortalité cholérique. Nous avons résumé nos observations dans une Note qui a été imprimée par les soins de la Chambre de Commerce ; nous en avons rendu compte dans une conférence, le 12 février 1885, à la Société Scientifique et Industrielle de Marseille (1). Nous avons continué nos observations pendant l'épidémie de 1885.

En 1885, le choléra a fait son apparition à Marseille le 25 juin : mais il ne paraît avoir pris le caractère épidémique que vers le milieu du mois de juillet. Le premier décès signalé est du 25 juin : le 26, on compte également un décès. Le 13 juillet, on enregistre un nouveau décès et, à partir de cette époque, les registres de l'état-civil accusent des décès

(1) *Bulletin de la Société Scientifique et Industrielle de Marseille,* 1885. — 1er trimestre.

cholériques presque tous les jours. Ce n'est que le 30 juillet que la mortalité devient considérable, avec 15 décès par jour. Le 5 août on compte 31 décès cholériques : jusqu'au 20 août, le nombre de ces décès par jour oscille autour d'une moyenne de 30 : le 19 on comptait encore 30 décès et il semblait que l'épidémie allait commencer á décroître, quand le 20, sans que rien n'ait pu faire prévoir un changement brusque dans l'état sanitaire de la ville, on enregistre en un seul jour 64 décès cholériques dont 15 à l'hôpital du Pharo, où le nombre des décès par jour n'avait pas jusque là dépassé 7. Cette mortalité considérable n'a eu lieu que pendant deux jours, le 20 et le 21 : le 22 le nombre des décès retombait à 45 et à partir de ce jour il a diminué d'une façon réguliére jusqu'au 10 octobre, époque à laquelle l'épidémie a disparu, pour le moins officiellement. En Novembre, on a encore eu à enregistrer 13 décès cholériques, et en Décembre, 2 ; ce n'est donc, en réalité, que le 9 Décembre qu'il faut placer la disparition du fléau : l'épidémie a duré cinq mois et demi, soit un mois de plus que celle de l'année précédente.

Le nombre total des décès cholériques dans la commune de Marseille, ville et banlieue réunies, a été de 1256, soit les 0,71 du nombre constaté en 1884, lequel s'est élevé à 1781.

La marche de l'épidémie est représentée par le diagramme ci-dessous qui a été établi en prenant pour abscisses horizontales des longueurs proportionnelles au temps et pour ordonnées des longueurs proportionnelles au nombre des décès par jour. Le trait plein fortement accentué avec hachures se rapporte au nombre des décès cholériques en 1885, le trait plein, sans hachures, au nombre total des décès enregistrés le même jour.

Les mêmes diagrammes pour l'année 1884 sont tracés en traits pointillés.

La comparaison de ces deux séries de diagrammes montre que l'épidémie n'a pas suivi exactement la même marche dans ces deux années.

En 1884, le nombre des décès cholériques par jour s'est maintenu pendant dix jours environ aux environs de 5, puis il s'est accru très rapidement et en moins d'une semaine, il atteignait son maximum, 74, le 11 juillet : il a mis quinze jours pour descendre à 50, puis, en deux jours, il est descendu brusquement à 24, le 28 juillet, et, à partir du 30 du même mois, il a suivi une marche décroissante très régulière.

En 1885, ce même nombre est resté inférieur à 5 pendant quinze jours, puis il a cru assez vite jusqu'à 30 ; il a oscillé autour de 30 pendant une quinzaine de jours, puis tout à coup il s'est élevé à 64 et au bout de deux jours est retombé brusquement à 45, le 22 août, époque à laquelle il a commencé à décroître, suivant une marche non moins régulière que celle qu'on avait observée l'année précédente à partir du 30 juillet, mais beaucoup plus rapide,

DIAGRAMMES COMPARATIFS DE LA MORTALITÉ JOURNALIÈRE

Pendant les épidémies de choléra de 1884 et de 1885.

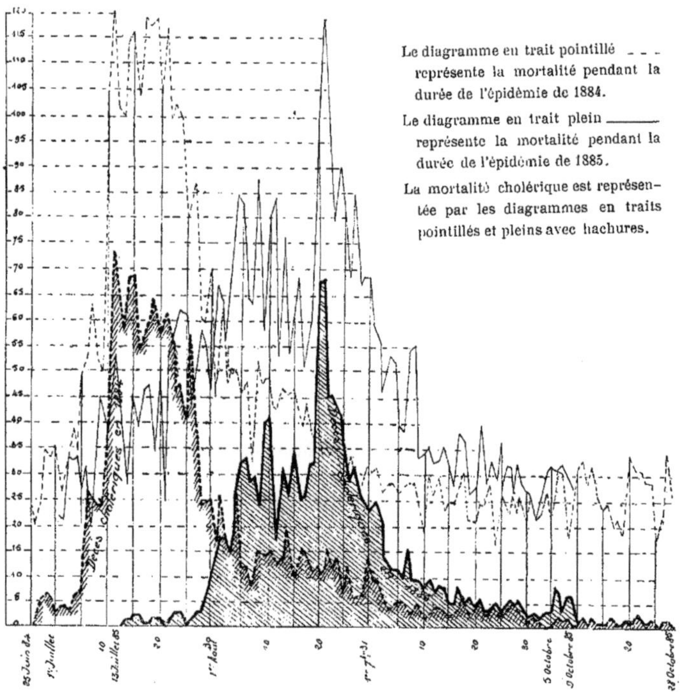

Il était intéressant d'observer la manière dont l'épidémie se propageait. A cet effet, nous avons rapporté chacun des décès constatés dans une même journée sur un plan de la commune ; nous l'avons figuré par un cercle noir. Un plan était dressé pour chaque jour : les divers plans comprenant les observations journalières pour un même mois ont été groupés sur une même feuille. (Dessins n°s 1-2-3 et 4).

L'examen de ces plans nous apprend que les décès dans la ville se sont répartis d'une façon tout à fait irrégulière. Les premiers décès surviennent en des points très éloignés les uns des autres : puis la mortalité paraît concentrée sur un quartier : mais elle s'étend aussitôt aux quartiers excentriques ; la ville est atteinte en tous ses points. Quand l'épidémie est sur son déclin, les décès isolés surviennent un peu partout. On sait en quel point a été constaté le premier décès, en quel point a eu lieu le dernier décès, sur quels points les victimes ont été le plus nombreuses ; mais on ne sait rien de la marche qu'a suivie le fléau. De là on ne peut conclure qu'une chose, c'est que la notion des décès ne suffit pas pour étudier la marche de l'épidémie : il faudrait considérer tous les cas de maladie, quelle

qu'en ait été l'issue. Les renseignements nous manquaient absolument pour pousser nos études jusqu'à ces limites.

Répartition du nombre des décès par arrondissement de police.

Le tableau suivant donne le nombre des décès cholériques jour par jour, pour chacun des vingt-un arrondissements de police de la commune de Marseille. Chaque décès est indiqué par un carré d'un millimètre environ de côté, teinté en noir. Dans chaque colonne verticale, on a un diagramme de la mortalité cholérique par arrondissement.

Tableau N° 1.

Tableau des décès cholériques par Arrondissement de police.

Chaque décès est indiqué par un carré noir ■

Dates.	1er Arrondis!	2e Arrondis!	3e Arrondis!	4e Arrondis!	5e Arrondis!	6e Arrondis!	7e Arrondis!	8e Arrondis!	9e Arrondis!	10e Arrondis!	11e Arrondis!	12e Arrondis!	13e Arrondis!	14e Arrondis!	15e Arrondis!	16e Arrondis!	17e Arrondis!	18e Arrondis!	19e Arrondis!	20e Arrondis!	21e Arrondis!	Domicile inconnu.	Sans Domicile.	Décès par mois	Dates.
Juillet																								44	Juillet.
Août																								976	Août
Septembre																								224	Septembre
Octobre.																								12	Octobre.
Décès par Arrondissement	50	92	15	35	83	96	46	73	65	65	56	61	75	53	125	17	24	47	104	35	16	7	20	1256	

Dans le tableau suivant, nous avons indiqué la population normale par arrondissement, la superficie de l'arrondissement, le nombre total des décès cholériques pour toute la durée de l'épidémie et la proportion des décès par 1000 habitants : nous y avons rappelé les chiffres de l'épidémie de 1884 : enfin, dans une dernière colonne, nous avons inscrit le rapport des nombres de décès cholériques par 1000 habitants, constatés dans les deux épidémies de 1885 et de 1884.

Tableau n° 2

TABLEAU DE LA MORTALITÉ CHOLÉRIQUE

DANS LES 21 ARRONDISSEMENTS DE MARSEILLE.

ARRONDISSEMENTS.	POPULATION normale.	SUPERFICIE.	NOMBRE des décès cholériques		PROPORTION de décès par 1,000 habit.		RAPPORT entre le nombre de décès par 1,000 habitants en 1884 et en 1885.
			en 1884	en 1885	en 1884	en 1885	
		hect. ares					
1er Préfecture.........	21.219	165.45	47	50	2.21	2.36	1.07
2e Hôtel-de-Ville.....	16.023	19.68	107	92	6.67	5.74	0 86
3e Palais-de-Justice...	3.209	10.53	5	13	1.55	4.05	2.61
4e Grand-Théâtre.....	10.047	20.57	20	35	1.99	3.48	1.75
5e Hôtel-Dieu........	16.833	32.71	130	83	7.72	4.94	0.64
6e Bourse............	22.572	19.50	118	96	5.22	4.25	0.81
7e Mont-de-Piété......	12.900	28 16	73	46	5.65	3.57	0.63
8e Marché-Central....	14.248	28.92	63	73	4.42	5.12	1.16
9e Hôpital Militaire...	22.437	70.32	112	65	4.49	2.90	0.64
10e Gare-du-Sud.......	18.148	148.02	122	65	6.72	3.58	0.53
11e Boulevard Chave...	29.510	129.58	92	56	3.11	1.90	0.61
12e Gare-du-Nord......	25.829	158.80	66	61	2.55	2.36	0.92
13e Belle-de-Mai.......	23.567	339.19	106	75	4.49	3.18	0.71
14e Bassin-de-Carénage	13.075	122.57	66	53	5.04	4.05	0.80
15e Arc-de-Triomphe..	25.419	191.60	157	123	6.17	4.84	0.78
16e Port-les-Iles.......	3 487	3.05	27	17	7.74	4.87	0.63
17e Saint-Louis........	28.524	4.019.63	98	24	3.43	0.84	0.24
18e Saint-Julien.......	19.261	3.234.04	67	47	3.47	2.44	0.70
19e Saint-Marcel.......	14.364	3.714.43	86	104	5.98	7.24	1.21
20e Mazargues.........	12.264	7.475.23	59	35	4.81	2.85	0.60
21e Endoume..........	7.163	365.43	32	16	4.46	2.23	0.50
Inconnus..........	»	»	128	27	»	»	»
		hect. ares					
TOTAUX....	360.099	20.898.11	1.781	1.256	4.94	3.49	0.71

Si l'on considère le nombre proportionnel des décès par arrondissement et par 1000 habitants, les vingt-un arrondissements se classent dans l'ordre suivant

1er	19e	Arrondissement.	Saint-Marcel	7.24	décès par 1000 habitants.	N° de classement en 1884.	6e
2e	2e	»	Hôtel-de-ville	5.74	»	»	4e
3e	8e	»	Marché central des Capucins..	5.12	»	»	14e
4e	5e	»	Hôtel-Dieu..................	4.94	»	»	2e
5e	16e	»	Port-les-Iles...........	4.87	»	»	1er
6e	15e	»	Arc-de-Triomphe	4.84	»	»	5e
7e	6e	»	Bourse	4.25	»	»	8e
8e	3e	»	Palais de Justice	4.05	»	»	21e
9e	14e	»	Bassin de Carénage	4.05	»	»	9e
10e	10e	»	Gare du Sud................	3.58	»	»	3e
11e	7e	»	Mont-de-Piété	3.57	»	»	7e
12e	4e	»	Grand-Théâtre	3.48	»	»	20e
13e	13e	»	Belle-de-Mai................	3.18	»	»	11e
14e	9e	»	Hôpital militaire.............	2.90	»	»	12e
15e	20e	»	Mazargues	2.85	»	»	10e
16e	18e	»	Saint-Julien.................	2.44	»	»	15e
17e	12e	»	Gare du Nord................	2.36	»	»	18e
18e	1er	»	Préfecture	2.30	»	»	19e
19e	21e	»	Endoume	2.23	»	»	13e
20e	11e	»	Boulevard Chave.............	1.90	»	»	17e
21e	17e	»	Saint-Louis..................	0.84	»	»	16e

Les quartiers de la ville qui ont été le plus éprouvés sont ceux de l'Hôtel-de-Ville, du Marché-des-Capucins, de l'Hôtel-Dieu, de l'Arc-de-Triomphe, de la Bourse, c'est-à-dire les vieux quartiers, les quartiers les plus malpropres.

Le quartier du Marché-des-Capucins a été proportionnellement plus maltraité en 1885 qu'en 1884, ainsi que celui du Palais-de-Justice, celui du Grand-Théâtre, et, dans la banlieue, celui de Saint-Marcel. Par contre, le nombre des victimes a été relativement moindre dans les quartiers de la Gare-du-Sud ou de Menpenti, du Mont-de-Piété, d'Endoume et, dans la banlieue, dans celui de Saint-Louis. Dans les autres quartiers au nombre de douze, si l'on fait abstraction du 16me arrondissement, qui ne comprend que le port et les Iles, la mortalité cholérique a été, toutes proportions gardées, la même qu'en 1884.

Ces données numériques ne donnent qu'une idée fort incomplète de la répartition des décès dans les divers quartiers.

Plan
s cholériques.

En 1884, nous avions marqué sur un grand plan de la ville de Marseille et de sa banlieue, les décès cholériques : nous avons fait le même travail pour l'épidémie de 1885 (Dessin n° 5). Chaque décès est représenté, au point où il s'est produit, par un cercle noir.

Sur le même plan, nous avons figuré les décès survenus en 1884 : ceux-ci sont représentés par un cercle teinté en bleu.

Nons y avons tracé les égouts de la ville, en négligeant, dans un but de simplification, les égouts des quais du port, qui ne desservent absolument que ces quais.

Enfin nous y avons indiqué les conduites de distribution d'eau.

Aucun des décès cholériques survenus à l'hôpital du Pharo en 1884 n'a été marqué sur le plan. Nous y avons rapporté au contraire les décès survenus au même hôpital en 1885 ; chacun de ces décès est marqué à l'emplacement du domicile de la personne décédée ; il n'y a que les décès des personnes sans domicile connu qui ne figurent pas. Il était utile de signaler cette particularité parce qu'il convient d'en tenir compte quand l'on compare entre elles les observations des deux années.

En jetant les yeux sur ce plan, on est frappé de la concordance des observations de 1884 et de 1885 : les décès sont distribués de la même manière : partout où il y a eu des décès en 1884, il s'en est produit en 1885 : et, à part deux ou trois exceptions, il n'est survenu de décès en 1885 que sur les points où l'on en avait constaté l'année précédente. On peut citer parmi ces exceptions :

Le quartier compris entre la rue Montaux, la rue Dragon, le boulevard Notre-Dame et le cours Pierre-Puget : en 1884, quelques décès isolés s'y étaient produits : on n'en compte pas un en 1885 ;

Au Nord des allées des Capucines, dans la rue Villeneuve et de chaque côté de cette rue, on ne constate également aucun décès en 1885, là où il en était survenu un si grand nombre en 1884 : par contre, dans les rues voisines, à l'Est de la rue Villeneuve, à 100 mètres de distance tout au plus, l'épidémie a fait de nombreuses victimes en 1885, là où il n'était survenu aucun décès l'année précédente.

A côté de l'Hôpital Militaire, un îlot de maisons situé au Sud-Ouest de cet établissement a eu 7 décès en 1885 : il n'en avait eu aucun en 1884.

La concordance des deux plans des décès en 1884 et 1885 montre bien que le fléau ne frappe pas indifféremment dans tous les quartiers, dans toutes les rues, dans toutes les maisons et à toutes les portes, ainsi que l'indiquaient déjà les observations de l'année dernière.

Comme en 1884, les maisons qui bordent le Canal des Douanes, ont été pour ainsi dire épargnées : on y a compté un seul décès en 1885 comme l'année précédente.

Dans les maisons qui sont en façade sur les quais du Port-Vieux, le nombre des décès en 1884 était bien moins considérable que dans les maisons situées en arrière : en 1885, on constate le même fait. Sur le quai de Rive-Neuve, au Sud du Port, on compte seulement quatre décès ; il y en avait eu dix en 1884.

C'est encore dans les quartiers les plus malpropres de la Ville, notamment dans les vieux quartiers situés au Nord du Port Vieux et de la rue Cannebière, derrière la Bourse, à l'Est du cours Saint-Louis, entre la rue de Rome et la rue Noailles que le nombre des décès a été le plus considérable ; c'est toujours dans ces mêmes quartiers mal tenus, aux rues étroites, tortueuses, bordées de maisons très élevées dans lesquelles est entassée le plus souvent une population nombreuse, appartenant aux classes inférieures et oublieuse en général des règles les plus élémentaires de l'hygiène, que le choléra fait le plus de victimes.

Sur les 1.256 personnes qui ont succombé, nous n'en connaissions que deux, dont une de nom seulement.

L'influence des égouts est non moins évidente sur le plan de 1885 que sur celui de 1884.

Dans les rues où il existe des égouts, même dans les rues les plus mal bâties, les plus mal tenues, le nombre des décès cholériques a été beaucoup moins considérable que partout ailleurs. Les égouts, ainsi que nous l'avons expliqué à l'occasion des observations de l'année dernière, opèrent un véritable drainage de l'infection cholérique.

A la suite de l'épidémie de 1884, la Ville a fait construire, en 1885, un certain nombre d'égouts ou branchements d'égouts. Il était intéressant de rechercher si ces égouts avaient eu quelque influence pendant la dernière épidémie.

Ces égouts, que nous avons représentés sur le plan par un pointillé de couleur orange, ont été construits dans les rues suivantes :

1° Rue Montaux, entre l'ancien marché Montaux et la rue Sylvabelle ;

2° Cours Lieutaud, entre la rue Puget et la rue Saint-Charles ;

3° Rue de l'Olivier, entre le boulevard Mérentié et la rue Goudard ;

4° Rue Consolat, entre la rue d'Isoard et la rue Papéty ;

5° Rue Saint-Bazile, entre la rue Lafayette et le carrefour des Allées ;

6° Rue Nationale, entre la place des Capucines et le cours Belsunce ;

7° Rue des Dominicaines, entre le boulevard du Nord et la rue des Petites-Maries ;

8° Rue Montolieu, à la Joliette, à côté de la rue de ce nom ;

9° Rue Jullien, à la Belle-de-Mai ;

10° Sous le chemin de Saint-Julien, à la Blancarde ;

11° Au quartier des Catalans, entre Saint-Lambert et la mer, dans l'anse des Catalans.

La comparaison du nombre des décès constatés en 1884 et en 1885, sur les parcours de ces tronçons d'égouts, donne les résultats suivants :

	DÉCÈS	
	En 1884.	En 1885.
1° Rue Montaux	1	0
2° Cours Lieutaud	2	2
3° Rue de l'Olivier	1	0
4° Rue Consolat	1	0
5° Rue Saint-Bazile	8	1
6° Rue Nationale	5	6
7° Rue des Dominicaines	2	1
8° Rue Montolieu	6	3
9° Rue Jullien	0	0
10° La Blancarde	5	3
11° Les Catalans	2	6
TOTAUX	33	22

Le nombre total des décès en 1885, dans toute la ville, n'a été que les 0,71 du nombre constaté en 1884. En tenant compte de cette réduction, on trouve que le nombre des décès constatés dans les parties de rues ci-dessus aurait dû être de 33 × 0,71 = 23 : en réalité il a été de 22.

Ces résultats sont peu concluants. Il ne faut pas s'en étonner : les égouts étaient à peine terminés lorsque l'épidémie de 1885 a éclaté.

Quant à l'influence des eaux potables, rien, dans nos observations de 1885 comme dans celles de 1884, rien, au premier abord, ne prouve que les eaux distribuées dans la ville aient eu une influence appréciable sur la mortalité cholérique.

Toutefois l'examen du plan de 1885 suggère une remarque intéressante touchant la distribution des eaux de l'Huveaune. Marseille prend dans la rivière l'Huveaune, dont le débit est très faible, un volume d'eau relativement considérable, 100 litres par seconde, dont les trois quarts, 75 litres, sont distribués dans les habitations, et l'autre quart, 25 litres, est utilisé pour les services publics. Cette eau est puisée dans la rivière en amont du village de Saint-Marcel, mais en aval de certaines localités assez importantes, et dont les habitants jettent toutes leurs eaux et toutes leurs immondices dans la rivière : le village de La Penne, la ville d'Aubagne, etc. ... La Penne et Aubagne sont à quelques kilomètres seulement au-dessus de la prise d'eau de la ville de Marseille et ces localités ont eu, en 1885, de nombreux cas de choléra. L'usage des eaux de l'Huveaune pour les besoins domestiques dans la ville de Marseille a pu ne pas être sans influence sur le développement de l'épidémie dans cette ville.

Les eaux de l'Huveaune sont distribuées exclusivement dans les vieux quartiers : une branche alimente la région située au Nord du Port-Vieux et derrière la Bourse, une autre branche les quartiers situés au Sud des rues Noailles et Cannebière et du Port-Vieux.

Ces quartiers reçoivent en même temps les eaux de la Durance. Sans vouloir attribuer aux eaux de l'Huveaune une part d'influence qu'elles n'ont peut-être pas, on ne peut pourtant pas s'empêcher de constater cette coïncidence pour le moins curieuse, à savoir, que les eaux de l'Huveaune alimentent précisément les quartiers dans lesquels les épidémies de 1884 et de 1885 ont fait le plus de victimes.

Sur le plan des décès cholériques, on remarque que le plus grand nombre des décès survenus en 1885 auprès du marché des Capucins sont groupés dans l'espace compris entre ce marché et la rue de Rome ; que les nombreux décès qui se sont produits dans les quartiers du Grand-Théâtre et du Palais de Justice sont groupés également autour d'une ligne qui se dessine parfaitement sur le plan, et qui, partant du cours Saint-Louis, passe sur l'emplacement du Grand-Théâtre, contourne le Canal des Douanes et se dirige ensuite du Palais de Justice sur l'église Saint-Victor, en suivant sensiblement la direction de la rue Sainte. Cette ligne coïncide presque exactement avec la direction d'une des canalisations principales des eaux de l'Huveaune : et ces mêmes eaux sont distribuées dans le quartier du marché des Capucins.

En 1884, le nombre des décès dans ce même quartier, dans le quartier du Grand-Théâtre, et suivant la direction de la rue Sainte, a été beaucoup moins considérable qu'en 1885 : en 1884, il n'y a pas eu de cas de choléra à La Penne et les cas de choléra à Aubagne ont été beaucoup moins nombreux qu'en 1885. Ce rapprochement indiquerait que les eaux de l'Huveaune ne sont pas étrangères au développement considérable que l'épidémie a pris dans certains quartiers de la ville en 1885.

En résumé :

Nos observations de 1885 confirment de la façon la plus complète celles que nous avons faites en 1884.

Elles démontrent toute l'importance qu'ont la salubrité et l'hygiène comme moyens de résister au développement et à l'expansion des épidémies cholériques : elles nous autorisent à insister de nouveau sur les conclusions que nous formulions, il y a un an déjà, à la suite de l'épidémie de 1884.

Marseille a déjà réalisé depuis un demi-siècle des progrès considérables au point de vue de la salubrité et de l'hygiène ; mais on trouve encore dans la population des pratiques dangereuses au point de vue hygiénique, il existe encore dans la ville des quartiers déshérités où des conditions hygiéniques exceptionnellement mauvaises prédisposent les individus aux atteintes du choléra, des quartiers, en un mot, trop bien préparés pour devenir en cas d'invasion du choléra des foyers épidémiques. Il faut que Marseille fasse disparaître ces causes locales d'infection.

Le programme des améliorations à réaliser, des travaux à exécuter dans ce but, est tout tracé :

1° Assainir le port. — Exécuter pour cela les réseaux d'égouts projetés et qui sont destinés à porter en mer, en dehors des bassins, toutes les matières provenant des égouts de la Ville et qui se déversent aujourd'hui dans le port, au centre de la Ville.

2° Assainir la Ville. — Développer le réseau des égouts, l'étendre à toutes les rues, de façon à drainer énergiquement tous les quartiers de la Ville, dût-on se borner à l'établissement de simples conduites en poterie dans les rues étroites et de peu de longueur.

Organiser ces égouts de manière à y introduire la quantité d'eau nécessaire pour entraîner toutes les matières putrescibles. C'est facile : car Marseille est une des villes les mieux dotées quant à l'alimentation d'eau : elle dispose pour ses besoins domestiques et industriels et pour ses services publics de 791 litres par habitant et par jour.

3° Interdire tout déversement d'eaux ménagères et autres sur la voie publique.

4° Réformer le système actuel des vidanges et adopter pour toute la ville un système rationnel.

Faire disparaître ou mieux transformer ces trop fameux puisards qui sont une cause permanente et très active d'infection pour la rue et pour l'habitation.

5° Renoncer à l'usage des eaux de l'Huveaune pour les besoins domestique ; les utiliser exclusivement pour les services publics.

6° Améliorer les chaussées et les trottoirs, améliorer le service du balayage, de l'arrosage et du nettoiement des rues.

7° Enfin, quand la Ville sera en mesure de le faire, ouvrir à travers les vieux quartiers quelques grandes artères pour la circulation et le renouvellement de l'air.

Marseille. — Typ et Lith. Barlatier-Feissat, rue Venture, 19.

www.ingramcontent.com/pod-product-compliance
Ingram Content Group UK Ltd.
Pitfield, Milton Keynes, MK11 3LW, UK
UKHW012134240726
13965UKWH00005B/2169